I0070217

Eepmu

ramana 841498

EXPÉRIENCES

QUI FONT CONNAÎTRE QU'ON NE PEUT ADMETTRE

L'INNOCUITÉ DE L'EAU DE MER

DISTILLÉE,

PARCEQU'ELLE CONTIENT TOUJOURS DU GAZ ALCALIN OLÉAGINÉ NEPTUNIEN PRODUIT PAR LA PUTRÉFACTION DES ÊTRES ORGANISÉS MARINS.

PAR B. G. SAGE,

CHEVALIER DE L'ORDRE ROYAL DE SAINT-MICHEL,
DE L'ACADÉMIE ROYALE DES SCIENCES DE PARIS,
FONDATEUR ET DIRECTEUR
DE LA PREMIÈRE ÉCOLE DES MINES.

Felix qui potuit rerum coguoscere causas.

A PARIS,

DE L'IMPRIMERIE DE P. DIDOT, L'AÎNÉ,
CHEVALIER DE L'ORDRE ROYAL DE SAINT-MICHEL,
IMPRIMEUR DU ROI.

1817.

EXPÉRIENCES

QUI FONT CONNAÎTRE QU'ON NE PEUT ADMETTRE
L'INNOCUITÉ DE L'EAU DE MER DISTILLÉE.

J'AI publié dernièrement l'Analyse de
l'eau de mer, afin de prendre date de la
découverte que j'ai faite du gaz alcalin
oléaginé, caustique, inodore, qui se
trouve toujours dans cette même eau
lorsqu'elle a été distillée.

Les observations que j'ai insérées dans
ce Mémoire feront connaître de plus en
plus l'effet que peut produire cette eau
distillée dans l'économie animale, ce qui
ne pourra manquer de fixer l'attention
du Gouvernement, puisque cela inté-
resse la vie (1) des navigateurs.

Des savants distingués, qui ont écrit
que l'eau de mer soumise à la distillation

_____

(1) *Salus populi lex sacra.*

1

devenait potable et égale en pureté à
l'eau fluviatile distillée, ne l'ont éprou-
vée que par les réactifs, lesquels n'y
décèlent rien; mais s'ils en eussent mis
une cuillerée dans leur bouche, et l'y
eussent retenue pendant quelques se-
condes, ils auraient éprouvé que leur
langue et leurs lèvres auraient été affec-
tées par une saveur aussi piquante et
aussi inflammatoire que celle produite
par l'alose ou tout autre poisson qui
n'est point frais.

Le sentiment imprimé par cette eau
de mer distillée subsiste pendant plusieurs heures, et la lèvre inférieure reste
gonflée et douloureuse pendant tout ce
temps.

De l'eau de mer distillée ne perd point
cette propriété après avoir été exposée
à l'air pendant plus d'un mois.

Si le gaz alcalin oléaginé neptunien
occasione sur l'organe du goût un sentiment érosif et inflammatoire, il ne peut
manquer d'affecter l'économie animale

lorsqu'on a employé cette eau comme boisson.

On a dernièrement présenté à une société de savants de l'eau de mer distillée, qui a été regardée comme très pure ; mais si la dégustation en eût été faite comme je viens de l'indiquer, on n'en aurait pas porté un jugement semblable.

Quoique nos savants modernes ne reconnaissent point une matière nuisible dans l'eau de mer distillée, cependant il y a plus de cent ans qu'elle y a été reconnue par M. Applebey, apothicaire de Durham, qui a fait part au parlement d'Angleterre du moyen qu'il avait employé pour purifier l'eau de mer, moyen qui consiste à distiller quarante pintes d'eau de mer avec quatre onces de pierre à cautère, et autant de terre blanche des os, dont il obtint, dit-il, trente pintes d'eau distillée pure.

J'ai répété l'expérience de ce chimiste anglais, et j'ai trouvé que l'eau distillée contenait le gaz alcalin oléaginé, ce qui lui donnait la saveur piquante et inflammatoire.

Estimant qu'il n'y avait qu'un acide qui pouvait détruire le gaz alcalin oléaginé, je distillai à plusieurs reprises de l'eau de mer avec diverses proportions d'acide vitriolique concentré; ce qui me fit connaître qu'un trois centième de cet acide était suffisant, et que l'eau que j'obtenais alors ne contenait plus sensiblement de ce gaz neptunien.

Ce gaz est décomposé lors de la congélation de l'eau de mer, qui en sépare aussi le sel marin; de sorte que l'eau fournie par le dégel de ces glaces est aussi insipide que l'eau fluviatile.

Il y a environ cinquante ans que la France accueillit la proposition qui lui fut faite par M. Poissonnier d'employer un alambic qu'il avait fait construire, à l'aide duquel il disait obtenir de l'eau pure par la distillation de l'eau de mer. L'alambic de M. Poissonnier différait

de celui qui est en usage par deux diaphragmes criblés de petits trous, et
fixés vers le haut de la cucurbite à
quelques pouces de distance; moyen
ingénieux pour empêcher l'eau de mer
d'être portée dans le chapiteau de l'a-
lambic lors de l'oscillation du vaisseau.

Quoique M. Poissonnier ait eu une
forte pension en considération de son
appareil, l'eau distillée qu'il obtint n'en
était pas moins chargée de gaz alcalin
oléaginé.

Dans l'appareil distillatoire qui vient
d'être monté par M. Clément pour
M. Freycinet, on y a aussi fait usage
des doubles diaphragmes criblés de
trous. L'eau de mer distillée ne s'en
trouve pas moins chargée de gaz alcalin
oléaginé neptunien.

Il est donc important pour l'humanité
de faire suivre des expériences pour dé-
terminer si cette eau distillée produit
quelque désordre dans l'économie animale; ce qui me paraît devoir être.

Le préjugé est l'ennemi le plus redou-
table des vérités nouvelles ; aussi suis-je
certain qu'en annonçant que le gaz alcalin oléaginé neptunien est morbifère,
et qu'il produit sur l'organe du goût
l'effet mordicant, des poissons de mer
qui ne sont pas frais ; effet qu'on re-
trouve dans l'eau de mer distillée , et
qui ne peut pas manquer d'agir dans
l'économie animale et de concourir aux
maladies qui affectent les navigateurs.

Je sais qu'on me citera comme auto-
rité les Macquer, les Poissonnier, les
Clément, qui ont écrit que l'eau de mer
distillée est aussi pure que celle qu'on
emploie dans les laboratoires.

Je sais qu'on me citera comme témoins
de l'innocuité de l'eau de mer distillée,
des navigateurs célèbres qui en ont fait
usage ; tels sont Cook, Bougainville,
Phips, Hamelin, etc.

Mais pendant combien de temps a-t-on
employé cette eau de mer? et comment
se peut-il que personne de l'équipage

n'ait parlé de la saveur piquante et éro-
sive de cette eau?

M. de Freycinet, d'après le rapport
fait par les navigateurs précités, n'a
pas cru devoir entreprendre son grand
voyage sans s'être muni d'un alambic
destiné à la distillation de l'eau de mer.
D'après le rapport qui lui a été fait sur
les produits de cette opération, le chimiste qui en a été chargé n'a pas fait
mention du gaz alcalin oléaginé dont
cette eau distillée est toujours imprégnée.

Si les chimistes précités eussent goûté
cette eau de mer distillée, sa saveur ne
leur eût pas échappé; mais ils ont cru
devoir s'en tenir à leur pierre de touche
ordinaire, à l'emploi des réactifs qui ne
décèlent rien dans cette eau; ce qui leur
a fait avancer qu'elle était identique avec
l'eau distillée la plus pure.

La formation du gaz alcalin oléaginé
neptunien est en partie produite par
l'émanation des animaux marins et le

résultat de leur putréfaction. Ce gaz ne
manifeste pas ordinairement d'odeur
sensible, sur-tout dans l'eau de mer
distillée; mais son émanation est conti-
nuelle sur la surface de la mer, dont son
eau est imprégnée.

Desirant procéder à l'analyse de l'eau
de mer (1) puisée à dix lieues des côtes,
j'eus recours à M. le comté de Raffin,
commissaire de la marine du Havre, qui
me rendit ce service.

Quoique cette eau ne répande aucune
odeur, il ne s'en dégage pas moins un
gaz alcalin oléaginé, que j'ai spécifié par
l'épithète *neptunien;* gaz qui est rendu
sensible lorsqu'on expose à la surface de
cette eau de mer une mèche de papier
dont l'extrémité est imbue d'acide marin. Le nuage blanc dont elle se trouve
entourée résulte de la combinaison du

---

(1) L'eau de mer, prise intérieurement, est purgative
et vomitive; son effet émétique me paraît dû au gaz
alcalin oléaginé neptunien.

gaz neptunien avec l'acide marin. Ce gaz
alcalin ne perd pas ses propriétés par la
distillation de l'eau de mer, puisqu'il y
est encore décelé par la même expérience.

Estimant qu'il n'y a d'autre moyen de
parvenir à la connaissance de la nature
du gaz alcalin oléaginé neptunien qu'en
suivant l'altération dont sont suscepti-
bles les poissons, j'ai reconnu que, lorsqu'ils sont vivants et exposés à l'air, il
s'en dégage, ainsi que de tous les êtres
organisés, animaux ou végétaux, un gaz
alcalin indépendant de l'odeur qui leur
est propre, gaz qui est rendu sensible
par le nuage blanc qui se forme au pour-
tour d'une mèche de papier imbue d'acide
marin qu'on présente à leur surface.

Un poisson de mer ou d'eau douce,
privé de vie, offre, dans son premier
état de décomposition, une phosphorescence qui a été bien observée par
M. Hulme, physicien anglais. L'obscu-
rité est nécessaire pour suivre le déve-

loppement de cette phosphorescence.
C'est dans une cave que M. Hulme a fait
ses expériences ; il y suspendait avec un
fil les poissons sur lesquels il voulait les
suivre ; il enlevait d'abord leurs intes-
tins et ratissait leurs écailles.

M. Hulme reconnut que la phosphorescence commençait par la tête, qu'elle
gagnait successivement le corps ; que
cet état lumineux croissait et décroissait
pendant trois jours, et qu'il cessait dès
que la putréfaction commençait.

Cette propriété lucifère est due à un
gaz lumineux, inodore, tenu en dissolution dans un fluide onctueux qui rend
phosphoriques les corps sur lesquels il
est fixé. M. Hulme reconnut qu'on resti-
tuait la phosphorescence dans cette matière desséchée en l'humectant. Ayant
introduit de cette matière phosphores-
cente dans une bouteille, ce physicien
vit qu'après l'avoir étenduc d'eau, il y
avait un anneau lumineux au col de
cette bouteille ; il l'agita, et toute l'eau

devint lumineuse. Il existe un fluide phosphorescent semblable qui exsude de la pholade nommée *dail* ou *litophage*.

La chaleur excite une décomposition plus rapide des poissons de mer que des poissons d'eau douce. La chair des premiers, quoiqu'après avoir été cuite, imprime sur l'organe du goût une saveur piquante douée d'une espèce de causticité qui enflamme la langue et occasione le gonflement des lèvres, qui deviennent douloureuses. Cet effet est très sensible dans l'alose qui n'est pas fraîche. Le vieux fromage de Gruyère occasione aussi ce sentiment érosif.

On a remarqué que lorsqu'on met du charbon dans le court-bouillon où l'on cuit des poissons avancés, leur chair devient comestible, et n'imprime pas ce sentiment inflammatoire dont l'effet est semblable à celui de l'eau de mer distillée, qui doit sa propriété à un gaz alcalin oléaginé dont j'ai parlé le premier dans l'Analyse de l'eau de mer.

Il paraît que les huîtres ont la propriété de détruire ce gaz, et de dessaler
en partie l'eau de mer, puisque celle qui
reste dans leurs coquilles n'est que peu
salée, et peut être bue sans que l'organe
du goût en soit affecté.

Lors de la putréfaction commençante
de la chair des poissons de mer, il s'en
développe souvent une odeur fétide par-
ticulière, qui est une combinaison d'alcali volatil et d'huile animale, qui cesse
d'être fétide après la cuisson de ces
viandes, parceque le feu en a modifié
et dégagé le gaz puant.

Lorsque la putréfaction des poissons
et des animaux marins a lieu dans la
mer, le gaz alcalin oléaginé se développe plus lentement que lorsque cette
décomposition se passe dans les poissons
exposés à l'air; aussi ce gaz alcalin est-il
plus exalté et plus actif, puisque étendu
de beaucoup d'eau il agit avec autant
d'activité sur les organes du goût.

Quoique le gaz alcalin oléaginé soit le

produit de la putréfaction des animaux marins ; cependant il n'est pas doué d'une odeur fétide. Il est des cas où elle se manifeste à la surface de la mer, surtout dans la zone torride, comme le confirme le fait suivant, rapporté par Boyle, qui dit qu'un navigateur y ayant été surpris par un calme qui dura plusieurs jours, l'odeur infecte qui était répandue dans l'atmosphère fut telle, que l'équipage en fut très incommodé.

Il existe constamment à la surface de l'eau des mers plus ou moins de ce gaz alcalin oléaginé qui peut influer sur l'économie animale, et concourir à développer les affections scorbutiques auxquelles les équipages sont sujets, scorbut qui dégénère et se détruit sur terre.

L'emploi des boissons acidules ne peut être que très salubre dans les voyages de long cours.

Estimant que l'eau de mer du Havre recelait une partie de la matière oléagineuse, principe du gaz alcalin, j'en ai

fait évaporer jusqu'à siccité, et mis sur
le sel desséché qu'elle a produit de l'é-
ther, qui a pris une teinte jaunâtre, due
à cette matière oléagineuse. Ayant dé-
canté cet éther dans une capsule de verre,
je le laissai évaporer spontanément, et
au bout de vingt-quatre heures j'ai
trouvé sur les bords supérieurs de ce
vase et sur son fond une matière bru-
nâtre frangée, qui m'a paru être la
matière oléagineuse du gaz alcalin.

L'analyse de l'eau de mer fait connaître qu'elle contient du sel en diverses
proportions, suivant la température des
climats.

L'eau de mer du Havre en fournit
un trente-deuxième, tandis que l'eau
de la mer Baltique n'en produit qu'un
soixante-quatrième.

L'eau de mer des côtes d'Espagne
produit un seizième de sel marin; celle
de la mer des tropiques un douzième.

L'eau du lac Asphaltite fournit un
seizième de sel marin, et cinq seizièmes

de sel à base de magnésie et de terre calcaire. Cet excès de sel dans cette eau est
trop considérable pour que les poissons
puissent y vivre; ce qui a fait donner à
ce lac le nom de *mer Morte.*

Une proportion moyenne de sel con-
tenue dans l'eau de mer est nécessaire
pour entretenir la vie des poissons, dont
la plupart languissent dans l'eau douce.

L'eau de mer tient aussi en dissolution
une petite quantité de sels à base calcaire
et magnésienne dont la saveur est vive
et presque caustique. Ces sels se déli-
quescentent à l'air, et se dégagent des
amas de sels réunis dans les greniers.
La loi prescrit que le sel de gabelle ne
soit débité qu'après avoir été amoncelé
pendant trois années.

Lors de la distillation de l'eau de mer,
les sels qu'elle tient en dissolution restent
dans la cucurbite; il n'y a que le gaz
alcalin qui passe avec l'eau. Le fluide
salé qui reste dans la cucurbite a une
teinte verte qu'il doit à une portion de

cuivre dissoute. Si ce vaisseau est atta-
qué à chaque distillation, il doit s'affai-
blir à la longue.

L'eau pure est nécessaire pour entretenir la vie ; aussi est-on obligé d'en
embarquer une grande quantité sur les
vaisseaux destinés à des voyages de long
cours pour subvenir aux besoins ; car
on n'est pas assuré de trouver de bonne
eau dans les îles où l'on aborde, l'eau
y étant plus ou moins saumache, c'est-
à-dire mêlée de plus ou moins de sel
marin et de gaz alcalin oléaginé.

Les eaux fluviatiles qu'on embarque
dans les barriques de bois contiennent
toutes plus ou moins de sélénite ou vi-
triol calcaire, lequel se transforme en
foie de soufre en se combinant avec le
calorique atmosphérien ; ce qui a lieu
lorsque la température est de vingt-
quatre degrés. C'est alors que l'eau paraît empuantie et qu'elle est insuppor-
table à l'odorat ainsi qu'au goût. Mais
on peut la restituer à son premier état et

la rendre potable en mettant dans cette eau une pièce ou une tasse d'argent, qui devient noire en s'emparant du foie de soufre.

On a reconnu que l'eau empuantie étant filtrée à travers la poudre de charbon perdait son odeur et devenait potable : aussi les filtres dits de Cuchet ont-ils été très à la mode à Paris.

Cette propriété reconnue au charbon a fait imaginer de carboniser l'intérieur des douves des barriques, ce qui s'opère facilement en passant sur leur surface des masses de fer rouge de feu.

De l'eau fluviatile renfermée dans de pareilles barriques ne s'y est pas altérée, tandis que la même eau renfermée dans des barriques qui n'avaient point été carbonisées y est devenue fétide.

L'eau fluviatile distillée ne contenant pas de sélénite, n'est pas susceptible de s'altérer dans les barriques, et son embarcation n'offrirait pas la chance de s'empuantir.

Etant âgé de soixante-dix-huit ans, et ne prévoyant pas publier d'autres ouvrages, j'ai cru devoir offrir la liste chronologique de ceux qui m'ont rendu utile.

Liste des Ouvrages que j'ai publiés.

Examen chimique de différentes substances minérales, in-12. 1769.

Éléments de Minéralogie docimastique, in-8°. 1772.

Mémoires de Chimie, in-8°, imprim. royale. 1773.

Analyse des Blés, in-8°, imprimerie royale. 1776.

Éléments de Minéralogie docimastique, 2 vol. in-8°, imprimerie royale. 1777.

Expériences propres à faire connaître que l'alcali volatil fluor est le remède le plus efficace dans les asphyxies, in-8°, imprimerie de Monsieur. 1778.

L'Art d'essayer l'or et l'argent, in 8°, imprimerie de Monsieur. 1780.

Description méthodique du cabinet de l'École royale des mines, in-8°, imprimerie royale. 1784.

Analyse chimique et concordance des trois règnes, 3 vol. in-8°, imprimerie royale. 1786.

Supplément à la Description méthodique du cabinet de l'École royale des mines, in-8°, imprimerie royale. 1787.

De la terre végétale et de ses engrais, in-8°. 1801.

Description des objets d'art de mon cabinet, in-8°. 1807.

Recherches et conjectures sur la formation de l'électricité métallique nommée galvanisme, in-8°. 1807.

Des Mortiers ou Ciments, in-8°. 1808.

Précis des Mémoires que j'ai lus à l'Institut, in-8°. 1809.

Observations sur l'emploi du zinc, in-8°. 1809.

De la nature et des propriétés de huit espèces d'électricité, in-8°. 1809.

Théorie de l'origine des Montagnes, in-8°. 1809.

Des Mortiers ou Ciments, in-8°. 1809.

Idem, troisième édition, in-8°. 1809.

Idem, quatrième édition, in-8°. 1809.

Régénération de la Chaux en pierre calcaire, *marmorillo*, in-8°. 1810.

Exposé des effets de la contagion nomenclative, in-8°. 1810.

Moyens de remédier aux poisons, in-8°. 1811. Trois éditions.

Institutions de physique, 3 vol. in-8°. 1811.

Supplément aux Institutions de physique, in-8°. 1812.

Opuscules de physique, in-8°. 1813.

Exposé sommaire de mes principales découvertes in-8°. 1813.

Traité des Pierres précieuses, in-8°. 1814.

Tableau comparé de la conduite des Ministres en-vers moi, in-8°. 1814.

Opuscules de physique, in-8°. 1815.

De la nature et de la production du gaz électri-fiable, in-8°. 1815.

De la formation de l'Air, in-8o. 1815.

De l'origine et de la nature des Globes de feu mé-téoriques, in-8o. 1815.

Vérités physiques fondamentales, in-8o. 1816.

De la formation de la Terre végétale, in-8o. 1816.

Probabilités physiques, in-8o. 1816.

Opuscules historiques et physiques, in-8o. 1816.

Nouvelle description des objets d'art de mon ca-binet, in-8o. 1816.

Mémoires historiques et physiques, in-8°. 1817.

Formation des Monts ignivomes, in-8o. 1817.

Fondation de l'École royale des mines, in-8o. 1817.

Analyse de l'Eau de mer, in-8o. 1817.

Expériences qui font connaître qu'on ne peut ad-mettre l'innocuité de l'eau de mer distillée, parce-

(24)

qu'elle contient toujours du gaz alcalin oléaginé neptunien produit par la putréfaction des êtres organisés marins, in-8°. 1817.

Je me trouve heureux de terminer ma carrière littéraire par une découverte aussi intéressante pour l'humanité, que celle dont je rends compte dans cette dernière dissertation.

Nisi utile quod facimus stulta est gloria.

FIN.

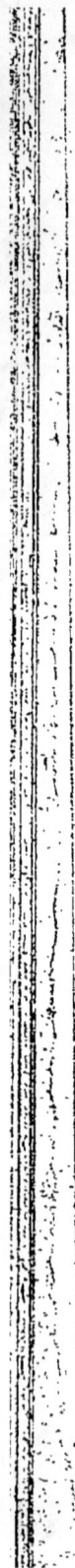

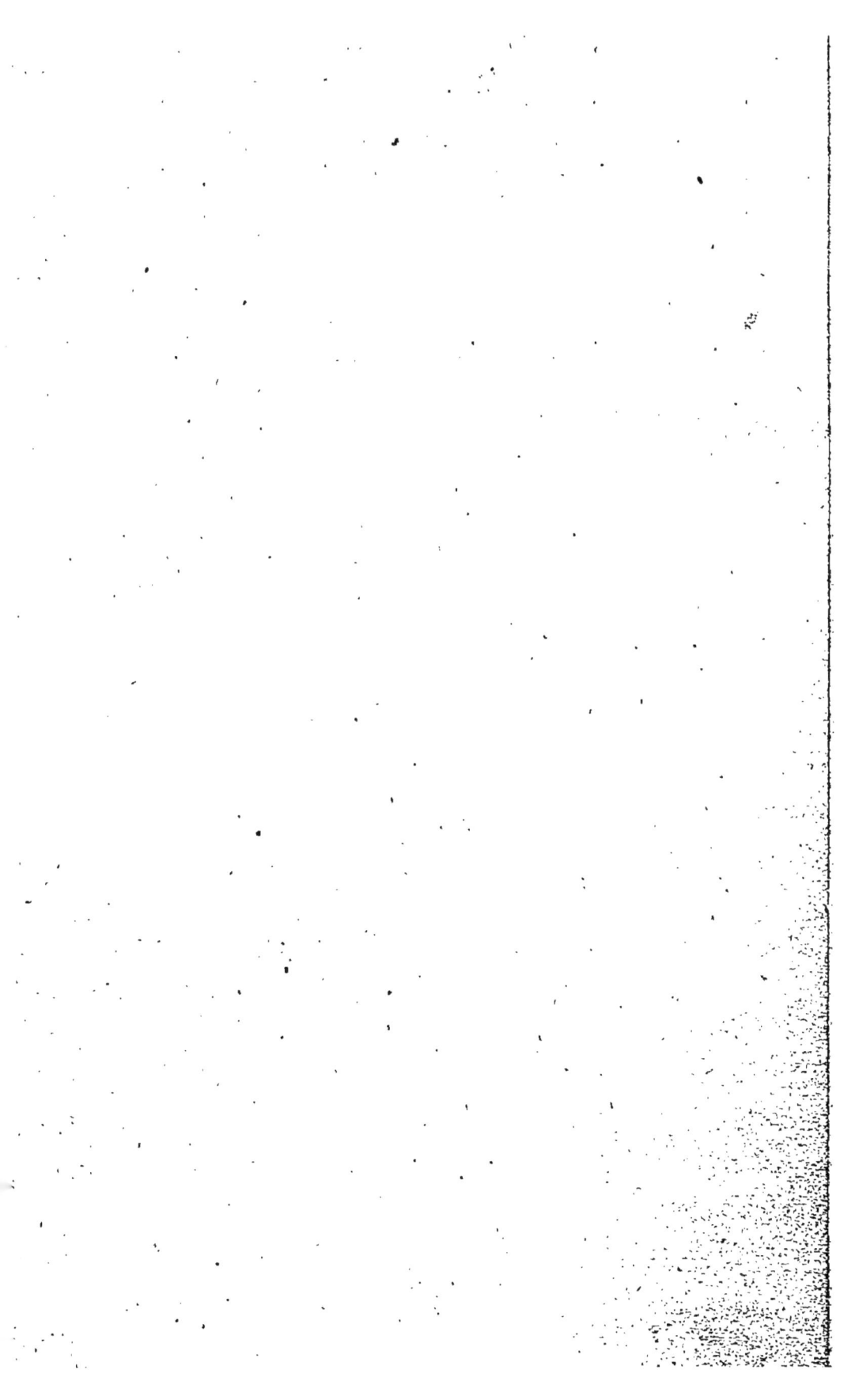

www.ingramcontent.com/pod-product-compliance
Lightning Source LLC
Chambersburg PA
CBHW070756210326
41520CB00016B/4718